嘘，它们在这儿

（法）塞巴斯蒂安·佩隆 著/绘　刘羽 译

草丛篇

GUANGXI NORMAL UNIVERSITY PRESS
广西师范大学出版社
·桂林·

春天到了，牧场在晨光中慢慢醒来。

喔喔喔喔……

快蹲下，别出声，
睁大眼睛，竖起耳朵。

咦，怎么没有**动静**了？

原来是蟋蟀听到了我们的声音，
害怕地躲进了地洞里。

是谁偷吃了 **野 胡 萝 卜** 的叶子？

不不不，**不 是** 蜘蛛。

那会 **是谁呢？** 再仔细看看。

玛格丽特**花丛下**好像有**响动**……

看，一个会动的**小土堆**！

鼹（yǎn）鼠在用自己尖锐有力的爪子挖地道，挖出来的土被抛出地面，堆成一个小土包，这就是鼹鼠丘。我们很少有机会看到它在地面上活动的身影。因为鼹鼠视力特别差，它更喜欢在地下用餐，享用土壤里的蠕虫和昆虫。

啾 啾 啾 啾 ……

听，是谁在唱歌？
它的声音如此优美，而且
它唱了这么久都不累。

它喜欢在地面上先找一个隐蔽的小坑，再用树叶和细枝搭成一个舒适的鸟巢。

你找到它们了吗？

一只蜜蜂

一张蛛网
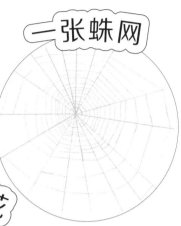

一丛野胡萝卜花

一只蟋蟀

一只蜘蛛

一只毛毛虫

一只蝴蝶

一只云雀

一丛玛格丽特花

一只鼹鼠

一只凤头麦鸡

一个鼹鼠丘

XU，TAMEN ZAI ZHER CAOCONG PIAN
嘘，它们在这儿 草丛篇

出版统筹：汤文辉　　　　　美术编辑：刘淑媛 蒙海星
品牌总监：李茂军　　　　　版权联络：郭晓晨 张立飞
选题策划：李茂军 戚 浩　　营销编辑：宋婷婷 李倩雯
责任编辑：戚 浩　　　　　　　　　　赵 迪
助理编辑：屈荔婷　　　　　责任技编：郭 鹏

著作权合同登记号桂图登字：20-2022-100 号

图书在版编目（CIP）数据

嘘，它们在这儿. 草丛篇 /（法）塞巴斯蒂安·佩隆著、绘；刘羽译. --
桂林：广西师范大学出版社，2022.11
　ISBN 978-7-5598-5355-4

Ⅰ．①嘘… Ⅱ．①塞… ②刘… Ⅲ．①动物—儿童读物 Ⅳ．①Q95-49

中国版本图书馆 CIP 数据核字（2022）第 165240 号

广西师范大学出版社出版发行
（广西桂林市五里店路 9 号　邮政编码：541004 ）
（网址：http://www.bbtpress.com ）
出版人：黄轩庄
全国新华书店经销
北京尚唐印刷包装有限公司印刷
（北京市顺义区马坡镇聚源中路 10 号院 1 号楼 1 层　邮政编码：101399）
开本：787 mm × 990 mm　1/12
印张：$3\frac{4}{12}$　　字数：20 千字
2022 年 11 月第 1 版　　2022 年 11 月第 1 次印刷
定价：39.80 元

如发现印装质量问题，影响阅读，请与出版社发行部门联系调换。